青少年灾难自救科普书

了·不·起·的·挑·战

自然灾害

中国灾害防御协会 指导

本书编委会 编著

U0223841

编 委 会

特 聘 专 家

高孟潭　　赵鲁强　　聂　娟　　郝建盛

王　岩　　刘济榕

执 行 编 委

（按姓氏笔画排列）

王　欢　　王　勐　　王　璞　　张博轩

陈倩倩　　徐　宁　　麻晶晶

地震出版社

图书在版编目（CIP）数据

了不起的挑战：自然灾害 / 本书编委会编著． -- 北京：
地震出版社，2024.6
ISBN 978-7-5028-5649-6

Ⅰ．①了… Ⅱ．①本… Ⅲ．①灾害－自救互救－青少年
读物 Ⅳ．①X4-49

中国国家版本馆 CIP 数据核字（2024）第 071511 号

地震版 XM5757/X（6490）

了不起的挑战：自然灾害
中国灾害防御协会 指导
本书编委会 编著

策划编辑：李肖寅
责任编辑：李肖寅
责任校对：张 平

出版发行 ： **地 震 出 版 社**
　　　　　北京市海淀区民族大学南路 9 号　　　　邮编：100081
　　　　　发 行 部 ： 68423031　68467991
　　　　　总 编 办 ： 68462709　68423029
　　　　　http :// seismologicalpress.com
　　　　　E-mail: dzcbslxy@163.com
经　　销 ： 全国各地新华书店
印　　刷 ： 北京启航东方印刷有限公司

版（印）次：2024 年 6 月第一版　2024 年 6 月第一次印刷
开　　本：710 ×1000　1/16
字　　数：76 千字
印　　张：8
书　　号：ISBN 978-7-5028-5649-6
定　　价：45.00 元

序 一

　　我们生活在地球上。生机勃勃的地球为我们提供食物和赖以生存环境。地球的剧烈变动也会给我们带来严重的自然灾害。突如其来的巨大地震、强烈台风和大洪水，以及大范围的雪灾、恐怖的雷电和漫天的沙尘暴，随时可能会夺去很多人的生命。我国自然灾害种类多、危害重、频度高，严重威胁人民的生命、生活和生计。

　　自然灾害虽然厉害，但是，如果我们学会与自然和谐相处，具备规避、防范和应对自然灾害的知识和技能，就可以将自然灾害的影响降低到最低程度。

　　本书系统介绍了我国经常发生的各种自然灾害相关知识，重点讲述了各种自然灾害来临时应该如何避险逃生和自救互救，最大限度地保护自己和身边的人。

　　青少年是祖国的未来，也是面对自然灾害的弱势群体，希望广大青少年通过阅读这本书，长知识，长本领，更平安。

中国地震局地球物理研究所原副所长、特聘专家

序 二

　　日月星辰，山川海洋，风雨雷电，气象万千。大自然孕育滋养万物，也包含我们人类。马克思主义哲学认为，世界是物质的，物质是运动和变化的，运动有宏观和微观、有机和无机、物理和化学等多种方式。自然界的运动是客观存在的，总体来说就是能量通过物质进行吸收、聚集、传输、转换和释放过程，这些过程以多种形式展现，属于自然现象，如地震、火山、台风、洪水、雨雪、雷电、沙尘暴等。当这些自然现象对万物赖以生存的环境和人类社会发展造成负面影响时，就形成了自然灾害。这些自然灾害有些是"润物无声"缓慢渐进式的，有些却是"声势浩大"剧烈爆发式的，且威力巨大。

　　防灾减灾，关口前移。我们要正确的认知自然灾害，力求探明其成因机理，明确其致灾风险，早治理、早预警、早防控，最大限度的减少自然灾害损失。实践证明，科学普及防灾减灾知识，使民众对自然灾害有一定的预判力和应对能力，对防范灾害风险是非常有效的。

　　青少年是"早晨八九点钟的太阳"，是民族的希望和祖国的未来，本系列图书面向小学生和初中生，在坚持科学的基础上，以图文并茂的形式进行展现，既可作科普，又可使同学们掌握相关知识、提高有效的应对能力。

中国气象局公共气象服务中心研究员

目 录

第一章

地震

第一节 地震发生的瞬间

·················· 基 本 知 识 ··················

地震发生时有什么感觉?

地震来袭的瞬间，人们有什么感受呢?

地震来袭的瞬间，大地先是上下颠，然后是左右晃。

当你感受到上下颠簸的时候，是地震的纵波在捣鬼，这时要尽快到空旷或安全的地方避震，因为这表示更大威力和破坏力的地震要来了。等地震的横波一到，地面的运动会更加强烈，人们就像是站在风浪中的船上一样，摇来晃去，站着的站不稳，摔倒的爬不起来。

我睡着觉，觉得床在抖，像是过火车了一样。

我在写作业，忽然吊灯晃了起来，桌脚和地面在打架，发出咯吱咯吱的声音。

我在沙发上坐得好好的，感觉有人在摇晃我。

我和爸妈在看电视呢，忽然电视画面消失，电视机"飞"了起来，撞在了茶几上。

··· 百 科 档 案 ···

不靠谱的"地震云"

有人认为，一些特殊形态的云，预示着大地震的发生，把它们叫"地震云"。他们说，地震云呈鱼鳞状、排骨状等奇特的形状，还会有红、橙、黄、青、紫等绚丽的颜色。实际上，这些云在气象学上都有合理的科学解释，它们只是碰巧出现在某次地震之前，完全不能预测地震。

··· 探 究 活 动 ···

什么样的房屋结构容易倒塌

准备材料：燕尾夹、胶带、卡纸

操作步骤：

①用纸折成如图的"小房子"；

②在小房子上面放置长尾夹；

③三角结构的房子最稳定。

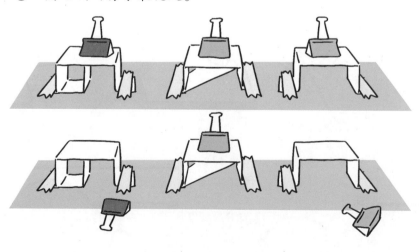

第二节　地震进行时

······················ **基 本 知 识** ···················

室内如何避震?

地震来临时，应该如何应对呢?

①地面剧烈摇晃，人站立不稳，就近找安全的地点躲避，等震感不强时再往外跑；

②地面轻微晃动，人站在屋里的时候，快速打开门；出门快步跑到空旷的地方。

【知识小卡片1】室内哪里是安全的?

①开间小的屋子: 厕所、厨房、杂物间;

②结实的桌下或结实的家具旁边。

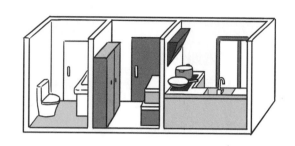

【知识小卡片2】保护自己的动作

①将坐垫和抱枕、枕头等顶在头上;

②抱头、闭眼、蹲下或趴下。

【知识小卡片3】千万不要做的事!

①不要跳楼;

②不要坐电梯下楼;

③不要靠近窗户、阳台；

④不要在吊灯、吊扇等物下躲避；

⑤在人多的地方，不要拥挤。

百科档案

地震的震级和烈度

地震震级，简称震级，反映的是地震能量的大小。我国使用的是国际通用的震级标准"里氏震级"。

地震烈度，简称烈度，即地震发生时，在波及范围内一定地点地面振动的激烈程度，或地震影响和破坏的程度。地面振动的强弱直接影响到人的感觉的强弱、器物反应的程度、房屋的损坏或破坏程度、地面景观的变化情况等。一次地震在不同地区的烈度是不同的，距震中越近，烈度越大。

烈度	表现状况
I	无感—仅仪器能记录到；
II	微有感—特别敏感的人在完全静止中有感；
III	少有感—室内少数人在静止中有感，悬挂物轻微摆动；
IV	多有感—室内大多数人、室外少数人有感，悬挂物摆动，不稳器皿作响；
V	惊醒—室外大多数人有感，家畜不宁，门窗作响，墙壁表面出现裂纹；
VI	惊慌—人站立不稳，住楼房高层的人外逃，器皿翻落，简陋棚舍损坏，陡坎滑坡；
VII	大多数人逃到户外，骑自行车和开车的人有感觉；
VIII	建筑物破坏—房屋多有损坏，少数破坏路基塌方，地下管道破裂；
IX	建筑物普遍破坏—房屋大多数破坏，少数倾倒，牌坊、烟囱等崩塌，铁轨弯曲；
X	建筑物普遍摧毁—房屋倾倒，道路毁坏，石大量崩塌，水面大浪扑岸；
XI	毁灭—房屋大量倒塌，路基堤岸大段损毁，地表产生很大变化；
XII	山川易景—一切建筑物普遍毁坏，地形剧烈变化，动植物遭毁灭。

····················· 探 究 活 动 ·····················

逃离建筑物

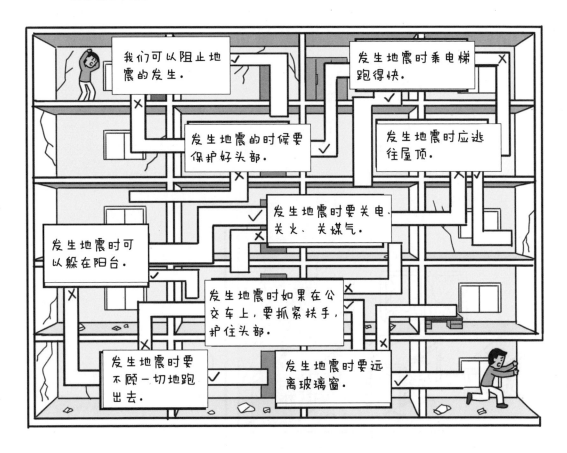

当你遇到危险准备逃离时,应该怎么做? 请你写一写。

第三节　应急防灾

············· 基 本 知 识 ·············

在这些地方怎么避震？

在学校教室里和走廊里：

在一二层时，迅速逃到教学楼外；

高层的同学不要惊慌，不要拥挤，避免踩踏，听老师指挥，抱头、闭眼、钻到结实的桌子下，靠窗的同学要背对窗子，以免玻璃碎片划伤。

在公共场所：

听从工作人员安排，不要拥挤、乱跑；

远离玻璃柜台、门窗，远离容易倒塌的货架、篮球架等；

远离广告牌、天花板等有装饰物的地方；

在结实的柜子、柱子、墙角蹲下。

在公交车或地铁上：

抓牢扶手，躲在座位旁边，等震感降低再下车。

在马路上：

远离高大建筑物；

远离悬挂物；

远离广告牌、路灯，前往空旷场地。

在野外游玩：

远离山脚和山崖、陡峭的山地；

遇到滚落的石头不要顺着石头的方向逃跑；

迅速逃到较开阔、平整的空地。

······ 百科档案 ······

超实用的"地震手机预警"

以现在的科学水平，人们很难在地震发生之前进行预测，但可以在地震发生后发出警报。地震产生两种波：速度快但破坏力小的纵波和速度慢但破坏力大的横波。手机地震预警系统所依赖的电磁波，速度比横波快。地震发生后，震中附近的地震仪捕捉到纵波，快速计算出地震的参数，再通过电磁波，在横波到达之前几秒至十几秒，向公众发出警报，为大家争取宝贵的逃生、避险时间。

用安卓手机设置地震预警的步骤见第29页。

探究活动

摩天大楼如何避震

准备材料:	操作步骤:
两个空水瓶；一个略重的小球，一根绳子，一把锥子，一本书。	①将一个水瓶的瓶盖钻孔；

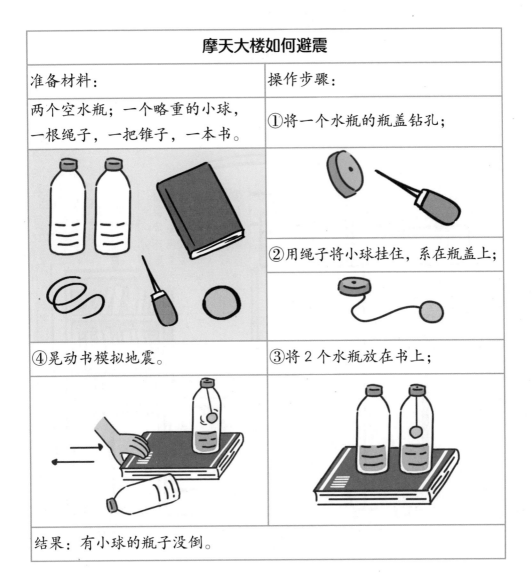

②用绳子将小球挂住，系在瓶盖上；

④晃动书模拟地震。

③将2个水瓶放在书上；

结果：有小球的瓶子没倒。

这次实验是对"阻尼器"的模仿。地震引起大地震动，产生的振波使地面上的建筑物也开始振动，这些振动是造成建筑物破坏的元凶。这时候，"阻尼器"就是个大英雄——它可以使受到冲击产生的振动很快衰减，无法造成大的破坏。

第四节　日常防灾

预防地震要做到

1. 家具的摆放

③安装柜顶支撑棒：在较高的家具顶部与天花板之间安装支撑棒，可以起到很好的固定作用；碗柜等稍矮的柜子可以用L形角码固定；

②预留生存空间：在较高的家具前方摆放较矮的家具，倒塌的时候两者之间可以形成宝贵的生存空间；

①巧用空箱子：把尺寸合适的空箱子塞进柜子和天花板之间的空隙，可以防止柜子倒塌；

④把家具摆放在同一侧：即使倒塌，也不会相互叠压，还有可能挪动。

2. 易碎品预处理

①窗户的玻璃：贴上防爆膜或拉上窗帘；

②固定吊灯或尽量不选用吊灯；

③将电视装在墙上或在电视前面的地上铺上柔软的地毯。

3. 随身小书包

①大手帕：用途多，可以多放几条；

②救生哨：救生哨要求是高频哨、无核设计，在突发或情况紧急下需要寻求帮助时轻轻吹响，就能够让救援人员听到；

③便携雨衣：小小一包，不占地方，但是在下雨、灰尘大的时候都有用，必要的时候还可以简单保暖；

④简单零食：几块巧克力和牛肉干能够在短时间内补充能量。

应急避难场所标志

应急棚宿区

应急供电

应急厕所

应急医疗救护

方向

应急供水

应急灭火器

应急避难场所标示牌

应急广播

应急排污系统

应急物资发放

应急水井

应急停机坪

应急指挥

应急垃圾储运

探 究 活 动

家庭常备物品清单	
瓶装水：1人1天2升×3天×家庭人口。大城市需要准备一周的用量。	应急食品：罐头和即食食品，大城市需要备足一周用量。
防水双肩包：装重要证件、少数贵重物品和其他小件必备品。	头灯：人手一个，停电时使用。

急救箱：应对地震后缺医少药的情况。	毯子：方便避难时夜里御寒。
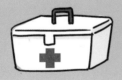	
干、湿纸巾：方便处理伤口和清洁。	

家庭常备物品清单

免洗消毒洗手液：停水后无法洗手时的必需品。	口罩：保护自己不受灰尘、粉尘伤害。

手套：保护自己在搬动东西时不受伤。	便携收音机：可在停电时通过无线广播等获取信息。

各种型号的电池或小型太阳能充电器：在停电时给各种必要装备充电、补充电量。	绳子：方便逃生和搭建帐篷。

油性记号笔：方便给家人留信息。	便携雨衣、防水鞋套：下雨、潮湿的环境都可以派上用场。

第五节　被困怎么办

被埋住了不要慌，充分运用感官：

眼睛：等感觉没有尘土掉落后，慢慢地睁开眼睛，打量自己所处的环境。

鼻子：地震时尽量屏住呼吸，等感觉没有尘土掉落后再慢慢恢复正常的呼吸频率。

双手：地震时护住头部，等震感降低或消失后再放松下来。

①寻找光亮：有亮光的地方就有缝隙，方便呼吸和呼救。

①判断是否有异味：判断是否有煤气或有害气体泄露影响自己的生命安全。

③寻找金属等可以发出尖锐声响的物品，在听到附近有声音的时候敲击金属物或用石块敲击墙体来求救。

②在无法看清的情况下判断是否有食物和水在附近。

②条件允许的情况下，用手或其他物品捂住鼻子，防止灰尘进入体内。

①试着挪动双手，判断能否可以自由活动。

③根据所处环境分析从哪个地方可能会脱离险境。

④判断情况：根据记忆和现状推理自己的位置是否安全；判断周围的杂物是什么，是否方便移动；判断自己哪里受伤，是否严重。

②试着用砖头、石块等硬物支撑残破的建筑体，以免再次坍塌。

确认安全后：

（1）简单处理伤口，调整姿态保持呼吸通畅，用衣物止血：

①若受伤点在四肢，可将较干净的衣物撕成条状，捆扎在伤口上方进行止血；

②若受伤点在头部、腹部、后背，可将较干净的衣物折叠，按压在伤口上。

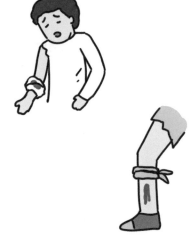

（2）如果无法脱离困境，搜索身边的食物和水，要节约食用。如果没有水，在非常特殊的情况下可以用尿液解渴。

（3）如果多人同时被埋压，要互相鼓励，团结协作，共同商定自救计划并采取行动。

特殊情况不要怕

【知识小卡片1】无法动弹：

①放松身体，保持呼吸通畅；

②沉住气，相信一定会有人来救你；

③保存体力，适时呼叫，等待救援。

【知识小卡片2】遇到火灾：

①趴在地上，向烟雾较少或通风的地方爬行；

②在贴近地面的地方呼吸。

百变的手帕

手帕是个好伙伴！在地震的时候，它可以变身小帮手。

做绷带

做止血带

做旗子

做包袱皮

做口罩

做简易的锤子

做滤网

........探 究 活 动........

做个防灾小药包

酒精棉：急救前用来给双手或钳子等工具消毒。

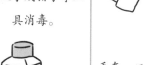

手套、口罩：可以防止施救者被感染。

0.9% 的生理盐水：用来清洗伤口。基于卫生要求，最好选择独立的小包装或中型瓶装的。需要注意的是，开封后用剩的应该扔掉，不要再放进急救箱。如果没有，可用未开封的蒸馏水或矿泉水代替。

消毒纱布：用来覆盖伤口。它既不像棉花一样有可能将棉丝留在伤口上，移开时，也不会牵动伤口。

绷带：绷带具有弹性，用来包扎伤口，不妨碍血液循环。2寸的适合手部，3寸的适合脚部。

三角巾：又叫三角绷带，具有多种用途，可承托受伤的上肢、固定敷料或骨折处等。

安全扣针：固定三角巾或绷带。

胶布：纸胶布可以固定纱布，由于不刺激皮肤，适合一般人使用；氧化锌胶布则可以固定绷带。

创可贴：覆盖小伤口时用。

保鲜纸：利用它不会紧贴伤口的特性，在送医院前包裹烧伤、烫伤部位。

袋装面罩或人工呼吸面膜：施以人工呼吸时，防止感染。

圆头剪刀、钳子：圆头剪刀比较安全，可用来剪开胶布或绷带。必要时，也可用来剪开衣物。钳子可代替双手持敷料，或者钳去伤口上的污物等。

手电筒：在漆黑环境下施救时，可用它照明；也可为晕倒的人做瞳孔反应。

棉花棒：用来清洗面积小的出血伤口。

冰袋：置于瘀伤、肌肉拉伤或关节扭伤的部位，令微血管收缩，可帮助减少肿胀。流鼻血时，置于伤者额部，能帮助止血。

第六节 不能小看的余震

-------------------- 基 本 知 识 --------------------

震后余震活动特点

避震不分主震和余震，切不可掉以轻心。

（1）严防次生灾害的发生：

①山体滑坡；

②水库溃堤；

③堰塞湖泄漏崩塌。

（2）防范危房进一步破坏伤人：主震后余震持续不断，在专业部门尚未对房屋进行安全鉴定之前，即使自家房屋尚未倒塌，震后也不要贸然进入或居住。

（3）注意防护：救援人员和互救人员，在震后短时间内的余震密集活动期间必须有一定的防护措施，提高防范余震的意识和技能，减少余震造成的伤亡。

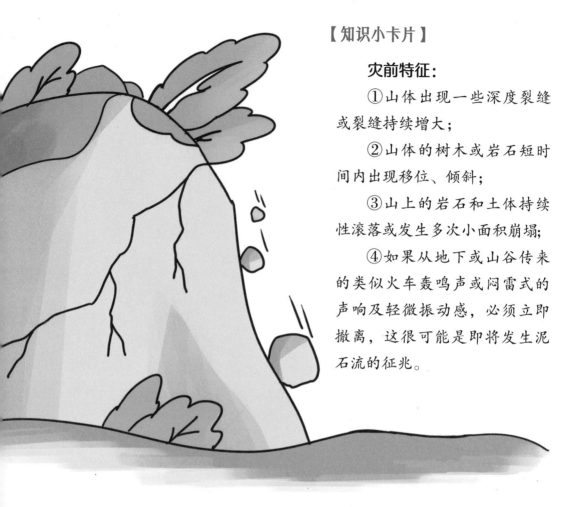

【知识小卡片】

灾前特征：

①山体出现一些深度裂缝或裂缝持续增大；

②山体的树木或岩石短时间内出现移位、倾斜；

③山上的岩石和土体持续性滚落或发生多次小面积崩塌；

④如果从地下或山谷传来的类似火车轰鸣声或闷雷式的声响及轻微振动感，必须立即撤离，这很可能是即将发生泥石流的征兆。

如果遇到以上情况，应立即远离山体。如山体崩塌或滑坡正在发生，要立即向垂直于滑坡体或滚石方向的两侧跑，切不可顺着滚石方向往山下跑。如来不及逃避，可躲在结实的障碍物下或蹲在地沟、陡坎下躲避，并保护好头部。

当遭遇泥石流险情时，必须立即离开沟道、河谷地带，不能沿沟向下或向上跑，应立即向两侧山坡上逃生。不要上树躲避，因为泥石流的冲击和搬运能力极强，大树会被掀倒或连根拔起。

不会缺席的余震

地震是断层上应力积累到一定程度，最终释放的结果，有点"哎呀我承受不住了，爆发吧"的意思。但是仅一次大地震往往很难把断层调整到稳定的"最佳状态"，这个调整的过程中就出现了"余震"。

就像将黄豆倒进一个桶里，看似装满了，但摇晃几下之后总会出现一些空间，填满之后再摇晃，又会出现新的空间。我们可以把豆粒之间发生的位移看作一次次小的地震，在摇晃的作用下豆粒逐渐堆积得越来越紧密。而要达到最终的平衡，往往需要多次摇晃。

余震便是这样一个通过震动释放剩余能量并趋向达成最终"平衡"的过程。

探 究 活 动

危难时的抉择，说一说图中谁做的不对？

第七节 互救小贴士

预防地震要做到

震后，在救援队伍暂未抵达时，积极互救是减轻人员伤亡最及时、最有效的办法。

互救应遵循以下 3 个原则：

"先易后难" ——先救埋压较浅，容易救出的轻伤人员；

"先近后远" ——先救离自己最近的被压埋者；

"先多后少" ——先救被压埋者多的地方，如学校、医院、旅馆、商场等人员密集场所。

【知识小卡片】营救的注意事项

①在使用锹、镐等工具时不要伤及压埋者，更不要破坏被埋者周围主要的支撑物，防止进一步倒塌。

②如压埋者受伤严重、埋压较深、时间较长，可设法向其尽快输送水、食品和药品，以维持生命，等待专业人员援助。

③对于脊椎损伤人员，搬动时切忌生拉硬拽，必须要用门板或硬木板抬出废墟。

③抢救时，要先使被救者头部暴露出来，并迅速清除其口鼻内的灰土，防止窒息，进而暴露其胸腹部。

⑤注意倾听被困者的呼喊、呻吟或敲击声，根据建筑结构的特点，先确定被困者的位置，特别是头部的位置，再开挖抢救，以避免抢救时造成不应有的损伤。

········· 百科档案 ·········

求救信号你知道几种?

一般情况下，重复三次的行动都象征寻求援助。以下几种求救信号，希望你都能牢记于心。

①火堆信号

点燃距离相等的三堆火。晚上以光为主，白天可放些青草形成浓烟。

②光照信号

利用手电或灯，每分钟闪光6次，反复多次。

③色彩信号

穿颜色鲜艳的衣服或戴颜色鲜艳的帽子，站到突出的地方引人注意。或在高处挂鲜艳的衣服或被子等物。

④反光镜子信号

利用太阳光反射信号，也可引人注意，一般每分钟6次，重复反射。材料可以是玻璃片、罐头皮、眼镜片、回光仪等。

⑤物品信号

利用树枝、石块、衣物等，摆放"SOS"信号字，尽可能大一点。如果在雪地上，可直接写出"SOS"。

⑥声音信号

如距离不远，可通过发声求救：喊叫或借助物体打击声，发出求救信号。

⑦地面标志信号

在比较开阔的地面，如草地、海滩、雪地上，可以制作地面标志。如把青草割成一定标志图案，或在雪地上踩出求救标志；或用树干、树枝、海草等拼成标志信号，展示给空中救援人员；还可使用国际民航统一规定的地空联络符号。

·········· 探 究 活 动 ··········

在安卓手机上设置地震预警

①打开手机设置，通常是点击手机主界面上的"设置"图标；

②在"设置"中，找到并点击"应用和通知"选项；

③在"应用和通知"界面中，找到并点击"应急广播"选项；

④在"应急广播"界面中，找到"地震预警"选项，并点击；

⑤在"地震预警"界面中，找到并点击"开启地震预警"或类似的选项；

⑥根据提示，选择你希望接收地震预警的方式，可以选择短信、声音或震动；

⑦完成设置后，你的安卓手机就会开始接收地震预警信息，并在地震发生时提醒你。

注意：手机型号不同，步骤可能有差异。

第二章

洪水

第一节 为什么每年夏天都要防汛

·········· 基本知识 ··········

我们经常在夏季听说"汛期来了，注意好防范"，这里的汛期是什么意思呢？

汛期是指在一年中因季节性降雨、融冰、化雪而引起的江河水位有规律地显著上涨时期。

根据洪水发生的季节和成因不同，汛期主要分为4种：

(1) 伏汛期：夏季暴雨为主产生的涨水期；

(2) 秋汛期：秋季暴雨（或强连阴雨）为主产生的涨水期；

(3) 凌汛期：冬、春季河道因冰凌阻塞、解冻引起的涨水期；

(4) 桃汛期：春季北方河源冰山或上游封冻冰盖融化为主产生的涨水期以及南方春夏之交进入雨季产生的涨水期称为春汛期。在黄河上，由于上游开河的凌洪传到下游，正值桃花盛开的季节，故又称春汛期为桃汛期。

因为伏汛期和秋汛期紧接，又都极易形成大洪水，一般把二者合称为伏秋大汛期，通常简称为汛期。由于我国是典型的季风气候国家，携带大量水汽的夏季风是汛期的幕后"推手"，因此一到夏季，就会进入汛期。

洪水的危害

长期的降雨会使河水泛滥形成洪水，淹没房屋，卷走人们的生活用品，还会淹死农作物，导致粮食大幅减产。洪水除对农业造成重大灾害外，还会造成工业甚至生命财产的损失，是威胁人类生存的十大自然灾害之一。

滑坡和泥石流

当土壤含水量达到饱和时，会造成山体和土壤松动，引发泥石流和滑坡等地质灾害。在短时间内，堵塞江河，摧毁城镇和村庄，破坏森林、农田，冲毁公路铁路等交通设施，对人民生命和财产造成威胁。

·············· 百科档案 ··············

降雨类型

降雨可按空气上升的原因，分为峰面雨、地形雨、对流雨和台风雨四类。

当冷空气和暖空气相遇时，相对较轻的暖空气被"抬升"，遇冷凝结而产生降水，叫锋面雨。

每当盛夏或者在热带地区，近地面空气层因局部地区增热而膨胀抬升，引起空气强烈的对流，使空气中的水汽因高空温度低而冷却凝结并降雨。

暖湿气流在遇到高山等地形阻挡时，被迫沿着山坡爬升，上升时水汽因冷却而凝结成云，并导致降水。通常在迎风坡降水较多，背风坡降水较少，形成雨影区。

台风来临时，由于气流自四面八方流入气旋中心，气旋中心的空气被迫抬升，空气因上升冷却而成云致雨，称为台风雨。台风雨的强度很大，有相当大的破坏力。

台风眼

········· **探 究 活 动** ·········

制作一朵云

准备材料：一个空的大可乐瓶，一个水杯，冰块，热水，毛巾

操作方法：

①在大可乐瓶里倒入一些热水；

②几秒钟后，将热水倒出去一部分；

③将一块冰放在瓶口上，等上一会儿，瓶子里的上半部分就会出现一朵云。

第二节　汛期应该如何防洪

······· **基本知识** ·······

洪水来临前

①养成关注天气预报的科学生活习惯，随时掌握天气变化，做好家庭防护准备。

②密切关注汛期的洪水情报，服从防汛指挥部门的统一安排，及时避难。

③身处低洼地区的居民要准备沙袋、挡水板，或砌好防水门槛，设置挡水坝，以防止洪水进屋。

④家中常备简易救生器材，以及通信联络的物品，比如手电筒、蜡烛、打火机，以及颜色鲜艳的衣物、旗帜、哨子等。

⑤准备好饮用水、罐装果汁和保质期长的食品，并捆扎密封，以防发霉变质。

⑥准备好保暖用的衣物以及治疗感冒、痢疾、皮肤感染的药品。

洪水来袭时

①如果在家中，房屋的门栏应用沙袋筑起防线；要及时切断屋内电源与气源。

②如果在户外，要爬到屋顶、大树和高墙上避险，等待救援。

③如果被洪水围困，可用门板、水盆等工具辅助逃生。注意，使用水盆时，可倒扣于水中，环抱盆体；或正面朝上，双手抓边缘；千万不要将盆压在身下，会沉入水。

④如果是在乘车时，可提醒驾驶员打开雾灯，缓慢行驶，提前绕行容易积水的地方。

⑤如果车辆落水，应立即打开车门离开车辆。积水若没过车体的一半高度，打不开车门，就利用车窗或后备箱逃生。或者用安全锤等坚硬物品，敲打侧窗（非前后风窗）四角玻璃逃生。如果车上没有尖锐物品，可使用座椅头枕，将头枕钢管插进侧窗玻璃的缝隙中，撬开玻璃。若车体被完全淹没，在水没过口鼻前深吸一口气，屏住呼吸，等待水完全灌入车辆那一刻，推开车门。当车辆灌满水时，车内外水压接近，车门很容易被打开。

下面这些地方是危险地带，千万不要去！

· 河床、水库及渠道、涵洞；

· 行洪区、围垦区；

· 危房中、危房上、危墙下；

· 电线杆、高压线塔下。

记住以下五"不要"！

· 不要在下暴雨时骑自行车、坐电动车，以防摔跤；

· 当汽车在低洼积水处熄火时，人千万不要留在车上，应该下车到高处等待救援；

· 不要在大树下躲避雷雨；

· 不要游泳逃生；

· 不要攀爬带电的电线杆、铁塔，以及泥坯房的屋顶。

还有哪些事情很危险？请你写一写吧！

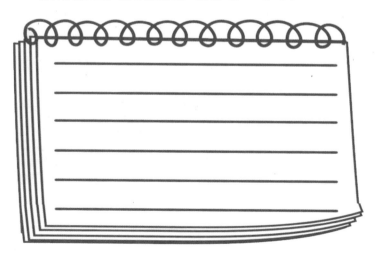

·········· 百科档案 ··········

落水后的自救小贴士

如不慎落入水中，保持冷静非常重要，尽量屏住呼吸，利用自身浮力仰面展平身体，将口鼻露出水面呼吸。

迅速扔掉身上的重物，如书包和妨碍漂浮的衣物等以减轻负荷。

寻找救生圈、木板等各种可增加浮力的物品，或用自身衣物制作浮具，等待救援。

如果不会游泳也找不到浮具，可采用"水母漂"的方式，节省体力，等待救援。

.... 探 究 活 动 ....

如何在暴雨中前行

下暴雨了，你前面的道路都是水，该怎么往前走呢？

真相大揭秘

答案：被水淹没的道路，处处都是危险，下水道井盖可能会移位，还可能有容易使人绊倒的障碍物，这时候应该用雨伞当拐杖，一边试探前方的道路一边往前走。

第三节　遇到滑坡、泥石流该怎样逃生

—————————— 基 本 知 识 ——————————

如果遇到滑坡，该怎样逃生?

①当遇到滑坡时，应向两侧，朝垂直于滚石前进的方向跑，不要朝着滑坡方向跑;

②当你无法继续逃离时，应迅速抱住身边的树木等固定物体。

如果遇到泥石流，该怎样逃生？

①发现泥石流后，要马上与泥石流成垂直方向向两边的山坡上面爬，爬得越高越好，跑得越快越好，绝对不能往泥石流的下游走；

②如果山体崩塌，要选择正确的撤离路线，不要进入危险区，可躲避在结实的障碍物下，或者蹲在地坎、地沟里，还要注意保护好头部。

【知识小卡片】

遇泥石流逃生时要注意避开河道弯曲的凹岸或地方狭小的凹岸，不要躲在陡峻山体下，防止坡面泥石流或崩塌的发生。

············· **百科档案** ·············

泥石流的征兆

河水异常

如果河（沟）床中正常流水突然断流或水量突然增大，并夹有较多的柴草、树木时，说明河（沟）上游已形成泥石流。

山体异常

山体出现很多白色水流，山坡变形、鼓包、裂缝，甚至坡上物体出现倾斜。

声响异常

如果在山上听到沙沙声，却找不到声音的来源，这可能是沙石的松动、流动发出的声音，是泥石流的征兆。

···················· 探 究 活 动 ····················

暴雨来袭，应该走哪条路去避难呢？

真相大揭秘

　　路线 A 经过山坡附近，有遭遇泥石流的风险，不选；路线 B 经过低洼地带，低于地面处会聚集大量的水，非常危险，不选；路线 D 的小路中间有一个下水道井盖，井盖在暴雨中可能会移位，不选；路线 E 旁边的河流，可能会因为水量增加而决堤，不选。所以应选路线 C。

第四节　洪水退场，病魔又来

·· **基 本 知 识** ··

洪水好不容易退去，病魔又过来捣乱，这是怎么回事呢？

　　平时，我们生活中的自来水、地下水、生活污水、河流水等都是有专门的管道区分的，但是洪水侵袭后，这些管道之间就互相连通了，所有的水和垃圾都掺杂在一起，干净的水就被污染了。等洪水退去后，四处残留着淤泥和垃圾，这样潮湿的环境是细菌和病毒的天堂。并且，洪水还会导致一些动物死亡，尸体长期浸泡在水中，也成为细菌和病毒的来源。再加上洪灾使人的抵抗力下降，于是病魔便有机可乘了。

我们应该怎么做呢？

饮水卫生

　　坚决不喝生水。尽量喝符合卫生标准的瓶装水、桶装水和开水。储存水的容器必须保证卫生，一定要进行专业消毒。

饮食卫生

坚决不食用腐败变质的食物，不吃淹死的猪肉、家禽以及所有和洪水接触的食物；做饭时生熟食材一定分开，尽量食用煮熟的食物。

勤洗手

饭前便后、接触垃圾后、处理伤口前后都要洗手，洗手时用肥皂充分揉搓，并且洗后用干净的纸巾擦干。

注意消毒

如皮肤、黏膜被伤者的血、尿、粪便或口腔、鼻腔分泌物污染，要及时清洁并用酒精、碘伏等专业消毒试剂消毒。

积极就医

当感到头晕、头痛、胸痛等不适时，及时找到当地医疗机构或专业急救人员就诊。

·················· 百科档案 ··················

伤口消毒小常识

★酒精不能直接用在伤口上

　　酒精有强烈的刺激性，会影响伤口愈合，所以酒精不能直接用在伤口上，只能用于伤口周围的皮肤消毒。

★碘伏可用在伤口上，但碘酒不行

　　碘伏更加温和无刺激，可以直接用在伤口上，是居家旅行必备消毒神器。但碘酒不可用在伤口上。

★双氧水要严格控制浓度

　　对于有创皮肤的处理，可先用医用双氧水清洗，再用其他消毒药水做二次处理。使用双氧水时，要严格控制浓度不高于3%，否则会引起局部皮肤烧伤。

★红霉素软膏虽好，但别长期用

　　红霉素软膏属于抗感染药物，可以用来预防和治疗皮肤感染。但不能经常用，一般建议连续使用不宜超过1周，否则有可能导致细菌对红霉素耐药，也就是"用多了就没效果了"。

························ 探 究 活 动 ··························

应战传染病

洪涝灾害容易引发很多传染疾病，你知道这些疾病的治疗方法吗？让爸爸妈妈帮忙，把下面的资料卡填写完整，然后保存起来吧。

名称	痢疾	传染途径
治疗药物		洪水后，一些瓜果、蔬菜表面容易留存有痢疾杆菌，人们食用生冷食物的过程中极易被感染；洪水过后，苍蝇很容易滋生，苍蝇有"粪、食兼食"的习性，极易造成食物污染。
预防方法		

名称	红眼病	传染途径
治疗药物		红眼病主要是通过接触传播，最常见为"眼—手—眼"的传播。
预防方法		

名称	流行性出血热	传染途径
治疗药物		误食（饮）鼠排泄物污染的食物、水，接触被鼠咬伤破损的皮肤、鼠类排泄物，以及被老鼠体表寄生的螨类叮咬的人，均可得此病。
预防方法		

名称	血吸虫病	传染途径
治疗药物		人、牛和不圈养的猪是主要的传染源，有此病的人或动物的粪便含有虫卵，被粪便污染的水源是重要的传播途径。
预防方法		

第五节 这样扫卫生，病魔闹不成

.... 基 本 知 识 ....

　　洪水过后，终于可以回家了，真想舒舒服服睡一觉。先别急着休息，检查一下房屋结构，确定房屋处于安全状态后再进入。并且提前给房间通通风，并检查是否存在松散脱落的电源线和是否有气体泄漏。

　　回家后最关键的事情是尽快清除所有的积水，并且打扫一下卫生。

先清洁后消毒

　　先给房间做个大扫除，首先彻底清洁墙壁、家用电器、地板、家具的表面，并用热水和普通清洁剂配制的溶液擦拭。其次，清洗所有柔软织物，包括床品、衣物、儿童玩具等。

爸爸在擦地

妈妈在晒被子

小朋友在清洗自己的玩具

　　清洁后再给房间消消毒，使用消毒剂时，要仔细阅读并遵循产品的使用说明。房屋清洁和消毒过程中，要打开窗户和风扇增加空气流通。

【知识小卡片1】

84消毒液不能和洁厕灵同时使用，会产生有毒气体；也不要和酒精混用，会减弱消毒效果。

如果看到墙壁和天花板出现了变色，或者闻到了难闻的霉味、泥土味或臭味，那有可能是长出霉菌了。

小心，家里可能住了霉菌！

你可以戴上手套、口罩和防护眼镜，用铲子把霉菌铲掉，并用肥皂和清水擦拭干净。如果是混凝土这样粗糙的表面，可以使用硬毛刷刷除，并用肥皂和清水擦拭干净。如果霉菌生长面积过大，要向疾控中心等专业技术机构寻求帮助。

【知识小卡片2】

脏水脏水快走开

打开水龙头，放出管道内滞留的水，直到水流的颜色变成无色，并且无异味就可以啦；将热水器的水温升高至60℃，并打开热水龙头，放出热水管道内的滞留的脏水，持续1个小时，以彻底清除热水管道内的污染。

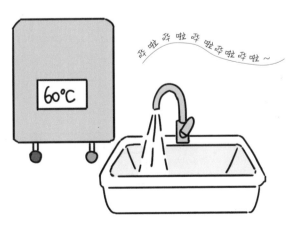

哗啦哗啦哗啦哗啦哗啦～

.... 百科档案 ....

暴雨过后，应该这样做

外出回家后

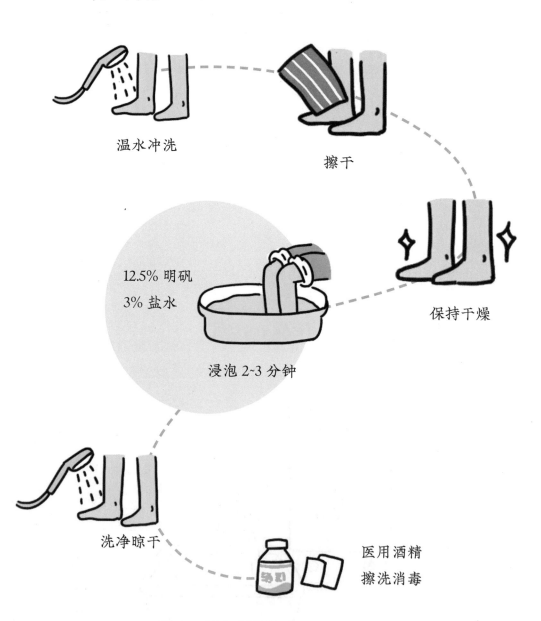

温水冲洗

擦干

12.5% 明矾
3% 盐水

浸泡 2~3 分钟

保持干燥

洗净晾干

医用酒精
擦洗消毒

保持足部卫生

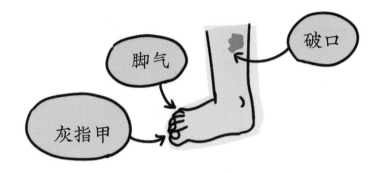

注意保暖

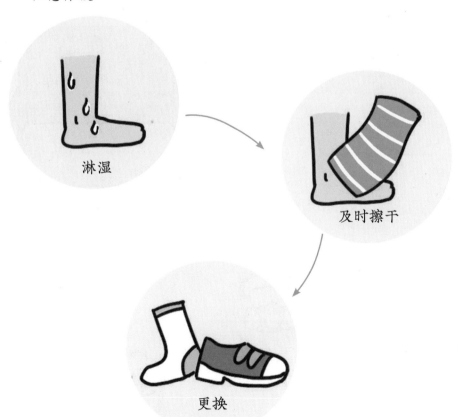

························ 探 究 活 动 ························

家庭应急物资包

提前准备一个应急物资包放在家中，有备无患，快行动起来。

逃生绳

救生衣

小铁铲

手电筒

防火毯

防护头盔

灭火器

防烟面具

应急救助工具

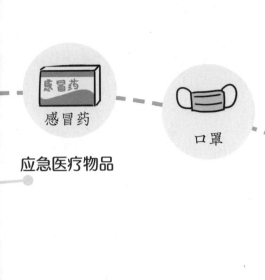

感冒药

口罩

应急医疗物品

医用纱布

创可贴

医用棉签

应急饮水和食品

矿泉水

泡面

罐头

压缩饼干

湿巾

卫生纸

应急生活用品

牙膏牙刷

消毒液

换洗衣服

第三章

台风

第一节 召唤台风并不容易

·········· **基本知识** ··········

台风形成的条件

台风是海平面上的一种热带气旋，根据世界气象组织的定义，中心风力一般达到12级以上、风速达到每秒32.7米的热带气旋均可称为台风（或飓风）。

台风的形成需要满足四个条件：

· 水温高于26℃的热带海平面；

· 初始的大气扰动；

· 垂直方向风速不能相差太大，上下层空气相对运动很小；

· 足够大的地球自转偏向力。

台风是怎样长成的？

当海面上的热空气冉冉上升，冷空气便趁势下降，去填补上升的空气，这样空气分子从高压的区域流动到低压的区域，就会形成风。

由于地球的自转，便产生了一个使空气流向改变的力，称为"地球自转偏向力"。在地球自转形成的偏向力的作用下，风便旋转起来。

当上升空气膨胀变冷，其中的水汽冷却凝成水滴时，要放出热量，这又助长了低层空气不断上升，使地面气压下降得更低，风旋转得更加猛烈，当近地面最大风速到达或超过每秒17.2米时，就形成了热带风暴，热带风暴有很大可能会发展为台风。

············· 百科档案 ·············

台风的等级划分

我们平时所遇到的风分为 18 个等级，0 级最低，17 级最高。台风的风力一般都在 12 级以上。台风因其形成原因和出现地点的不同，随时都有可能变为更为强大的超级台风。因此，台风现在还是人类所要面临的最恐怖的自然灾害之一。

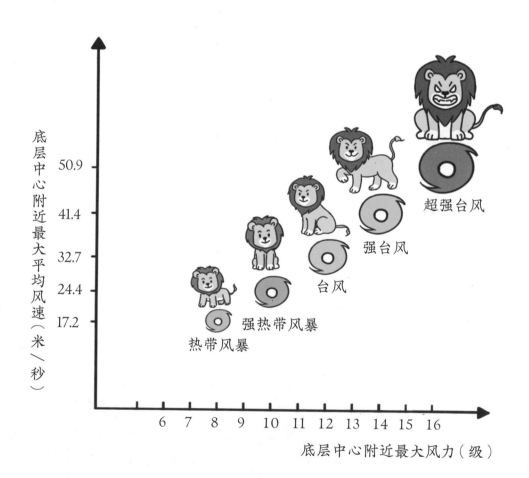

············· 探 究 活 动 ·············

感受空气对流

准备材料：

勺子

一个透明容器

两个杯子

冰箱

冷水和热水

一个冰块格

红色和蓝色色素

操作步骤：

①向水中加入蓝色色素，调配一杯蓝色的水；

②将蓝色的水倒至冰格中，并放进冰箱进行冷冻；

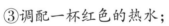

③调配一杯红色的热水；

④在透明容器中加入水，并倒入红色的热水和蓝色的冰块；

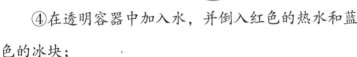

⑤观察发现，红色液体向上升，蓝色液体向下降。

实验原理

密度小的热水向上移动，密度大的冷水向下移动。空气和液体同理，热空气向上升，冷空气向下降，这种热传递的方式叫作对流。

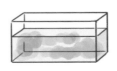

第二节 台风不只是恶魔，也是天使

从太空看地球上的台风，犹如一个旋涡一样覆盖在地球表面，场面十分震撼，一团白色云雾围绕着台风中心旋转。如果从台风的下方往上看，天空就是乌云密布，狂风骤雨。

台风是恶魔

台风过境，有时大树都会被连根拔起，房顶也可能会被风掀掉。车辆，甚至某些建筑在它面前，也都只是一道小菜，分分钟就能摧毁殆尽。伴随着狂风而来的是瓢泼大雨，台风能在短时间内向地面倾泻大量的水淹没庄稼，毁坏房屋。

在海面上，台风就更加凶恶了，掀起滔天大浪，威胁在海上航行的船只，威胁船员的生命安全。

除此之外，台风还会造成洪涝、滑坡、泥石流等灾害，所以，台风是极为凶恶的自然灾害之一。

台风也是天使

台风在危害人类的同时，也在保护人类。台风给人类送来了淡水资源，大大缓解了全球水荒。一次直径不算太大的台风，登陆时可带来30亿吨降水。另外，台风还使世界各地冷热保持相对均衡。赤道地区气候炎热，若不是台风驱散这些热量，热带会更热，寒带会更冷，温带也会从地球上消失。一句话，台风太大太多不行，没有也不行。

一千级的台风有多厉害？

在很早之前就有人计算过，一个较强的台风，中心附近最大风力一个小时的耗能相当于 25000 个新安江水电站在一个小时发出的电力的总和。100 级台风中心附近最大风力可以把地球吹出轨道，1000 级台风中心附近最大风力可以把整个宇宙吹没。

· · · · · · · · · · · · · · · 探 究 活 动 · · · · · · · · · · · · · · ·

彩色小台风

准备材料：

红、蓝色素　　　透明杯子　　　水　　　搅拌棒

操作步骤:

①用搅拌棒搅拌水的上半部分，使水快速旋转起来；

②在水中滴入几滴红色色素，能清楚地看到一个红色旋涡；

③接着滴入几滴蓝色色素，是不是超像一场台风？

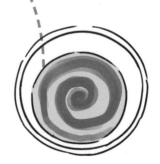

第三节 可以趁台风眼出门吗

在卫星云图上看台风，会看到气旋中心有一个洞，看起来就像是密闭云区中心的一只"眼睛"，所以我们把这个区域称为"台风眼"。

由于台风眼外围的空气旋转得太厉害，在离心力的作用下，外面的空气不易进入台风眼区，因此台风眼区就像由云墙包围的孤立管子，里面的空气不旋转，风很弱。所以虽然外面狂风暴雨，但在台风眼的位置却常常天气晴朗，风平浪静。

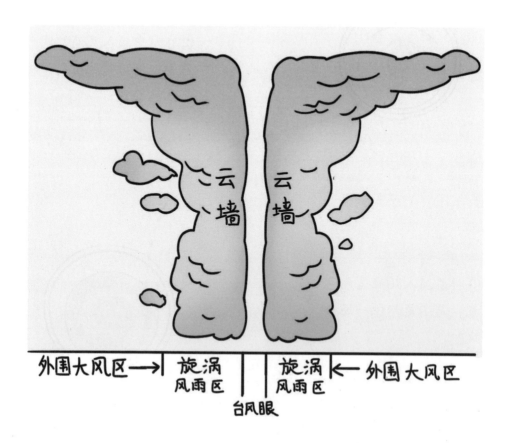

温柔的陷阱

台风眼并不稳定，它会随着台风的移动而移动，也会随着台风的发展而变化。有时候，台风眼会出现"缩小"或"扩大"的现象。当台风眼缩小时，意味着台风正在加强；当台风眼扩大时，意味着台风正在减弱或转向。

当我们位于台风眼的区域时，可能会误认为台风已过去，但实际上，台风眼并不能够长久地保持平静，通常只有一两个小时左右就会移走。台风眼移走后，原本平静的区域也会变得"狰狞"，狂风暴雨又会再度出现。所以在进入到台风眼之后就意味着暴雨和狂暴大雷电活动即将来临，一定不要掉以轻心，尽量待在家中。

················· 百科档案 ·················

台风眼的秘密

2017 年 8 月，美国第 53 气象中队的 5 位气象专家冒着生命危险，驾驶螺旋桨飞机冲破时速 240 千米的风眼墙，首次抵达风暴眼的内部。在那里，他们发现一个神秘的景象：十分平静的地带，被唯美的云墙环绕，宛如天空之城一般。风暴眼形成的机制至今仍是一个谜。

················· 探 究 活 动 ·················

如何进入台风

台风内部一直是一个神秘的地方，风多大？雨多大？台风眼多大？眼壁多高？都在轻易激起人们的想象力。

这些，只有接近台风，才能获取的珍贵数据。因此在过去的几十年中，人们不断做着同一个努力——走进台风。

下面是几种人类进入台风的手段，请查一下资料，将空白的地方补充完整吧。

无人机

代表：CN-1 型无人机

主要任务：观测 2008 年第 7 号台风"海鸥"

观测区域：

有人机

代表: NOAA "飓风猎人" P-3 型

主要任务: 定位风暴中心并测量风眼区域的中心气压和
地面风

探测手段:

无人艇

代表: 海洋气象观测者 -3

主要任务: 观测 2020 年第 3 号台风 "森拉克"

探测手段:

答案

1.降水区、逆风区、强对流区

2.当 P-3 型 "飓风猎人" 飞抵飓风眼壁附近时, 空投式探测仪器通过 GPS 定位, 传回压力、温度、湿度、风向风速数据, 详细描述飓风结构和强度。它尾部的多普勒雷达和机腹雷达系统可以同时扫描飓风的水平和垂直结构, 这些数据能让预报员实时看到飓风。

3.穿过台风中心

第四节 台风来临前该如何准备

· **基 本 知 识** ·

1. 制定家庭应急计划

在台风来临前，我们应该认真制定一份家庭应急计划，包括应急联系人、紧急避难地点等。

2. 准备应急物资

家中准备一些应急物资，如食物、饮用水、医疗用品、应急药物、电池、手电筒、收音机等，并把这些物资集中放在一个随时能取到的包里。

3. 整理贵重物品

将贵重物品或重要文件储存在防水袋或保险柜中，以防丢失或损坏。

4.清理排水系统

确保家庭周围的排水系统畅通，清理屋顶和排水沟道上的堵塞物，保持下水道的畅通。

5.加固房屋

检查房屋和建筑物的抗洪能力，确保屋顶、墙壁、窗户和门的密封性良好，可以考虑安装防洪门、抗洪墙等设施。

6.准备紧急资金

储备一些现金作为紧急资金，应对可能出现的无法使用电子支付或提款机的情况。

································ **百科档案** ································

重要物资储备

1. 水

台风很可能会引发停水，所以需要在前期做些储水的准备，大概1~2天的量，以防不时之需。

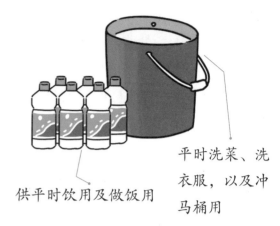

供平时饮用及做饭用

平时洗菜、洗衣服，以及冲马桶用

蔬菜、肉以及方便面等速食

2. 食物

台风来临时，很可能处于人出不去，外卖也进不来的情况，所以适当的储备一些食物是有必要的。

3. 充电宝（提前充满）

台风有可能会损毁电线杆、电缆导致停电；并且居住在一层的居民家里可能因为进水也需要关闭电源，这时候充电宝的作用就非常大了。

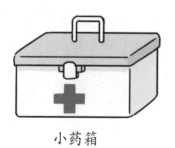

小药箱

4. 小药箱

常见家庭用药可以防止台风期间身体不适无法及时用药。

·········· 探 究 活 动 ··········

准备好手电筒

面对即将到来的台风，我们需要为手电筒做好准备，以确保在紧急情况下能够正常使用。以下是一些简单的步骤，快来行动起来。

如果是充电款，给手电筒充满电。

如果是是电池款，要准备一些备用电池。

给手电筒防水

确保手电筒易于携带

第五节 台风来临时该如何防范

········· 基 本 知 识 ·········

居家的准备

①关紧门窗，可在窗户玻璃上贴膜或用胶布、纸条贴"米"字；

②检查电路、煤气等设施是否安全，切断电源，关掉燃气；

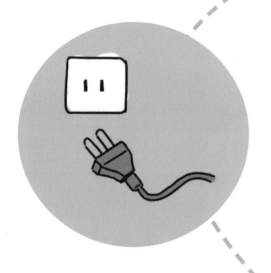

③在窗户缝和阳台缝附近提前铺好毛巾等吸水棉巾，以防降雨大时漏水；

⑥提前准备手电筒等照明工具，储备好水、食物、药品等生活必需品。

⑤收拾好阳台上花盆等易坠落物品，保护路上行人的人身安全；

④车辆不要停泊在地下车库，尽量往地势高的地方停泊，以免发生车辆进水被淹的情况；

外出请注意

①安全稳固的建筑物是躲避风雨的唯一正确地点；

②远离危房、广告牌、脚手架、树木等容易倒塌的物体；

③在空旷地方弯腰慢行，身处狭窄桥梁或高处时匍匐前进，拐弯处要停步；

④不要强行通过积水淹没地带，如果积水附近有电线垂落，水中有可能带电。

树木、广告牌危险远离！！

危房远离！！

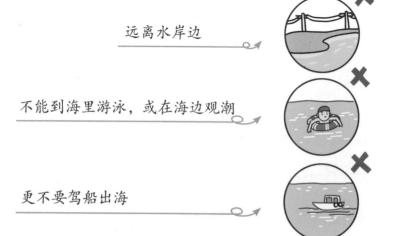

远离水岸边

不能到海里游泳，或在海边观潮

更不要驾船出海

······················· 百科档案 ·······················

讲卫生，防疾病

台风暴雨期间，往往会导致卫生条件变差，引发瘟疫。健康卫生的饮食能帮助你远离疾病风险。

坚持将食物烹饪到完全熟透；

坚持瓜果蔬菜用净水清洗，切忌使用污水；

坚持餐具及时用净水清洗；

坚持尽量饮用瓶装水，自来水要煮沸后饮用；

坚持监测自己和家人的身体状况。

若出现发热、呕吐、腹泻等不适症状，应及时去正规医院肠道门诊就诊。

窗户缝隙进水怎么办？

准备材料：塑料袋或保鲜膜

操作步骤：

①将袋子铺在窗户的轨道上。

②将袋子铺平，塞入轨道中；可以利用牙签或者其他工具帮助塞入，然后反复拉窗，确保窗户可以关上。

③最后关上窗户。

注意：窗户无法关上的话，尽可能捋顺袋子，使其铺平，与轨道贴合。如果袋子还是太厚，建议使用保鲜膜。

第四章

雷电

第一节 雷电的危害

雷电喜欢袭击的对象

大量雷击事故的统计资料表明，雷击有明显的选择性，经过观察，它们明显偏爱：

高大和突出的建筑物

容易导电的物体

旗杆

屋顶上的各种金属突出物

太阳能热水器

潮湿地带以及容易导电的地层

收音机·电视机天线

【知识小卡片1】

雷电有哪些危害?

造成畜牧业经济损失　　　　引发山林火灾　　　　影响通信系统、电子设备的使用

【知识小卡片2】

雷电对人的伤害有哪些?

通过人体的电流:颤抖、痉挛、心脏停止跳动;

雷击的火花:造成皮肤不同程度的灼烧伤、雷击纹、表皮剥脱、耳膜或内脏破裂。

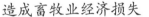

·········· 百科档案 ··········

雷电造成不同人群的伤亡比例

数据显示,在我国发生的雷击事故中,农民的伤亡率远高于城镇居民。这是由于农民户外劳作时间长,并且不容易找到合适的躲避场所造成的。(数据来源:《1997－2006我国雷电灾情特征》)

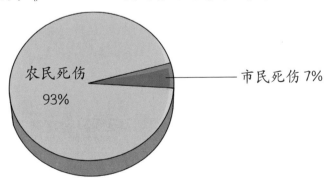

农民死伤 93%　　市民死伤 7%

········· **探究活动** ·········

人体充电

准备材料：

1根灯管，1个绝缘垫，1团羊毛，1根塑料管。2个人完成实验。

操作步骤：

①打开灯管的开关，没有启辉器灯无法点亮；

②用羊毛摩擦塑料管；

③将塑料管靠近灯管，灯管亮起来，关灯，再开灯，由于已移走塑料管，灯管没有亮；

④甲站在绝缘垫上，乙用羊毛摩擦塑料管，再用塑料管触碰甲；

⑤甲双手在灯管前挥舞，灯管被点亮。

第二节 雷电来了怎么办

防御雷击注意事项

· 在室内

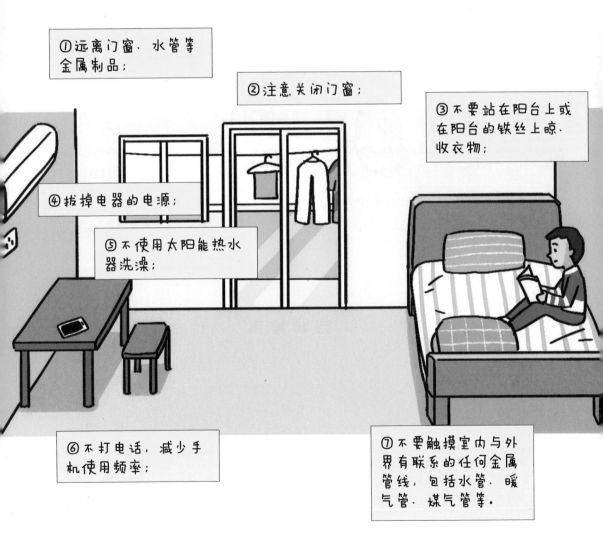

①远离门窗、水管等金属制品；

②注意关闭门窗；

③不要站在阳台上或在阳台的铁丝上晾、收衣物；

④拔掉电器的电源；

⑤不使用太阳能热水器洗澡；

⑥不打电话，减少手机使用频率；

⑦不要触摸室内与外界有联系的任何金属管线，包括水管、暖气管、煤气管等。

· 在车里

②关闭所有车窗、车门；

①关掉引擎、音响、收音机等；

③远离大树、广告牌等；

④不要去触摸车窗把手、换挡杆、方向盘等；

⑤把车停到路边安全的地方。

········· 百科档案 ·········

单脚跳着走

　　雷雨天气遇到积水路段，可以单脚跳着走。触电时单脚跳能保证安全是因为跨步电压的存在。如果正常走路，两腿之间就会产生电流，威胁到生命。而如果两腿跳着走，腿之间也会产生电流，会导致腿抽搐，人站立不稳摔倒后造成危险。单腿跳可以使心脏不在此回路中，而避免触电。

探 究 活 动

哪里避雷电安全

　　下面的实验揭示了人在雷雨天气的时候应该怎样保证自身安全。由于需要专业设备及存在一定风险，这个实验无法在家中完成，我们可以看一下实验过程和结果。

　　拿来一盆小树放在闪电实验区，打开电源，就有强烈的电击声波传出，触及到刚刚的那盆小树，我们发现：树顶的叶子已经被电到发黑。这就说明下雨时，我们不能躲在树下避雨。

　　接着弄来一个小房子模型，放在闪电实验区，这次，闪电虽然触及房子，可是没有其他反应，这就说明待在房子里是安全的。如果有避雷针会怎样？我们在模型房子房顶上放置一个避雷针，闪电只要一过来，就会在大约隔1米的地方消失。这个实验告诉我们：避雷针能够有效防止建筑遭受雷电袭击。显然，科技的发展给人们生活带来了安全的保障。

第三节　户外遇到雷电不要慌

基 本 知 识

①雷雨天气时不要停留在高楼平台上，在户外空旷处不宜进入孤立的棚屋、岗亭等。

②远离建筑物外露的水管、煤气管等金属物体及电力设备。

③不要在大树下躲避雷雨，如万不得已，则须与树干保持３米距离，下蹲并双腿靠拢。

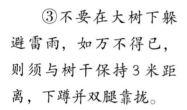

④如果在雷电交加时，头、颈、手处有蚂蚁爬走感，头发竖起，说明将发生雷击，应赶紧趴在地上，并拿去身上佩戴的金属饰品和发卡、项链等，这样可以减少遭雷击的危险。

⑤如果在户外遭遇雷雨，来不及离开高大物体时，应马上找些干燥的绝缘物放在地上，并将双脚合拢在上面，切勿将脚放在绝缘物以外的地面上，因为水能导电。

⑥在户外躲避雷雨时，应注意不要用手撑地。双手抱膝，胸口紧贴膝盖，尽量低下头，因为头部与身体其他部位相比，最易遭到雷击。

⑦当在户外看见闪电几秒钟内就听见雷声时，说明正处于近雷暴的危险环境，此时应停止行走，两脚并拢并立即下蹲，不要与人拉在一起，最好使用塑料雨具、雨衣等。

⑧在雷雨天气中，不要在旷野中打伞，或高举羽毛球拍、高尔夫球棍、锄头等；不宜进行户外球类运动，雷暴天气进行高尔夫球、足球等运动是非常危险的；不宜在水面和水边停留；不宜在河边洗衣服、钓鱼、游泳、玩耍。

⑨在雷雨天气中，不要快速骑自行车和在雨中狂奔，因为身体的跨步越大，电压就越大，也越容易伤人。

⑩如果在户外看到高压线遭雷击断裂，此时应提高警惕，因为高压线断点附近存在跨步电压，身处附近的人此时千万不要跑动，而应用单脚跳的方式逃离现场。

30-30原则

关于雷电防护，还有一个"30-30原则"，对于防御雷电灾害非常有效。

第一个"30"是指30秒。从看到闪电到听到雷声的时间如果少于30秒，说明雷电在10千米以内，此时即便头顶没有打雷下雨，也处于雷电危险区域，建议尽快寻找避雷场所。

第二个"30"是指30分钟。最后一次听到雷声30分钟之后，所处区域上空乌云逐渐消散，再出门就安全多了。

············· 探 究 活 动 ·············

寻找"红色精灵"——大气放电的奇观"红色精灵"是一种伴随着雷雨所产生的高空大气放电现象。搜集关于"红色精灵"的信息，完成下列表格吧。

红色精灵	
定义	
颜色	
宽度	
发生地点	
持续时间	

第四节 雷电击伤怎么办

.... 基 本 知 识 ....

遭遇雷击

雷击来临的预兆

头发竖起

金属配饰发热

皮肤有蚂蚁爬一般
痒痒的感觉

在户外游玩时，如果头发突然全部竖起，那就要小心了，这是遭雷击的预兆。

这时，逃跑多半已经来不及了，跨步的时候还容易产生跨步电压。正确的做法是首先降低自己的高度——就地蹲下，双脚尽量并拢，双手避免触地，抱头藏膝间。

【知识小卡片】

雷击之后的救援

如果遭遇雷击的人衣服着火了，可以往伤者身上泼水，或者用厚外衣、毯子将身体裹住以扑灭火焰。

注意观察遭受雷击者有无意识丧失和呼吸、心跳骤停的现象，先进行心肺复苏，再处理电灼伤创面。

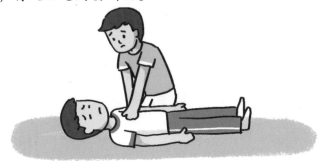

电灼伤创面的处理方式如下：用冷水冷却伤处，然后盖上敷料；若无敷料可用清洁床单、被单、衣服等将伤者包裹后转送医院。

························· 百科档案 ·························

防雷击的"金钟罩"——法拉第笼

有条件时，打雷可以躲在车里。汽车不怕雷击是因为法拉第笼的存在，那么，什么是法拉第笼呢？

1836年，法拉第发现带电导体上的过剩电荷只存在于其表面，并且不会对封闭在其内部的任何物体产生影响。为了证明这一事实，他建造了一个金属箔外壳的房间，并通过静电发生装置的高压电去电击房间的外壳。验电器显示，在房间内没有出现多余的电荷。房间的金属外壳对它的内部起到了"保护"作用，使它完全不受外部电场变化的影响。这就是法拉第笼效应。

法拉第笼

························· 探究活动 ·························

雷电的作用

准备材料：空气质量检测仪

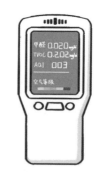

空气质量检测仪

操作步骤：

①检测雷雨前的空气质量；

②检测雷雨进行时的空气质量；

③检测雷雨后的空气质量。

雷电能制造负氧离子。负氧离子又称空气维生素，可以起到消毒杀菌、净化空气的作用。在雷雨后，空气中高浓度的负氧离子，使得空气格外清新，人们感觉心旷神怡。实验表明，被称作"空气的维生素"的负氧离子，对人体健康很有利。

第五章

沙尘暴

第一节　沙尘等级的常见划分方法

······················· 基 本 知 识 ·······················

　　沙尘天气是指强风从地面卷起大量尘沙，使空气混浊，能见度明显下降的一种天气现象。沙尘天气包括浮尘、扬沙、沙尘暴和强沙尘暴。强风、强热力、不稳定沙源分别是促成沙尘暴形成的动力因子和物质基础。

【知识小卡片】

　　能见度是指视力正常的人在当时天气条件下，能从天空背景中看到和辨认出目标物轮廓的最大水平距离。

沙尘天气的
等级划分：

浮尘
尘土、细沙均匀地浮游
在空中，使能见度 < 10
千米

扬沙
风将地面沙尘吹起，使
空气相当混浊，能见度
1 千米到 10 千米

沙尘暴
强风，空气很混浊
能见度 < 1 千米

强沙尘暴
大风，空气混浊不堪，
能见度 < 500 米
特强沙尘暴
狂风，空气特别混浊，
能见度 < 50 米

沙尘暴预警信号

沙尘暴预警信号分3级，分别以黄色、橙色、红色表示。

黄色预警：24小时内可能出现沙尘暴天气（能见度小于1000米）或者已经出现沙尘暴天气并可能持续。

橙色预警：12小时内可能出现强沙尘暴天气（能见度小于500米），或者已经出现强沙尘暴天气并可能持续。

红色预警：6小时内可能出现特强沙尘暴天气（能见度小于50米），或者已经出现特强沙尘暴天气并可能持续。

沙尘暴的威力可不小

沙尘暴虽然看起来不像地震、洪水有那么强的破坏性，但对人类的危害也是极其严重的。沙尘暴会造成房屋倒塌、交通瘫痪、供电中断，还会引发火灾，污染自然环境，破坏作物生长，给人民生命财产安全造成严重的损失。其实，沙尘暴也有优点，它能为抑制全球变暖出力，还能促进海洋生物的生长。

百科档案

为什么沙尘暴多发于春季？

对我国北方大部分地区而言，春天是鸟语花香、草木复苏的季节。而在这万物重现生机之际，一股"恶势力"也悄然到来，那就是沉寂了一个冬天的沙尘暴。为什么沙尘暴那么喜欢春天来呢？

这是因为，春季植被覆盖较少，降水也较少，土壤表层干燥疏松，是很好的沙尘来源，使得沙尘暴一路"畅通无阻"。此外，春季冷空气活动较频繁，伴随强盛的西北风，在午后不稳定的大气状态下就容易产生沙尘天气。

.... 探 究 活 动 ....

模拟沙尘暴

树木可以防治风沙，减少沙尘暴的发生。为什么这么说呢？我们看看下面的小实验就知道了。

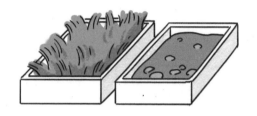

①准备两个大花盆，一个花盆里种满了绿草，一个花盆里只有土；

②拿吹风机对着种满草的花盆吹，观察现象；

③拿吹风机对着只有土的花盆吹，观察现象。

现在你明白为什么植树造林是防治沙尘暴的一个重要措施了吧！

第二节 沙尘暴会诱发的疾病

沙尘天气容易诱发四大疾病

肺部疾病

沙尘最先伤害肺部，首先会引起各种刺激症状，比如流鼻涕、流泪、咳嗽、咳痰等，以及气短、乏力、发热、盗汗等全身反应。有呼吸道疾病及抵抗力较弱的人在风沙天里最好不要外出。

鼻咽炎

春季气温逐渐转暖，病菌也变得异常活跃。如果遇上了扬尘天气，沙尘中附着的许多杂物和病菌，会随着呼吸进入体内，刺激人体出现流鼻涕、鼻痒、连续打喷嚏等症状。

【知识小卡片】

风沙太大的时候，沙尘顺着鼻腔和口腔直接侵入咽喉，甚至还有可能引发耳道炎。所以沙尘天气外出时要戴好口罩、围巾或帽子，少去人多的场合，避免交叉传染。

结膜炎

忽高忽低的气温和空气质量下降使人们很容易患上感冒，从而引发病毒性结膜炎和病毒性角膜炎，这时的眼部环境非常脆弱。

【知识小卡片】

沙尘天气里，近视的人应该尽量选择佩戴普通的框架式眼镜。这样一方面眼镜起到了保护作用，阻挡沙尘进入眼中；另一方面，一旦有沙尘微粒进入眼部，泪腺分泌的泪水也可以及时将微粒冲洗掉。

过敏性皮炎

春天风多干燥，皮肤表层的水分很容易流失，造成面部、手部皮肤粗糙、发红甚至干裂。时间久了，还可能引起细菌感染。过敏体质的人就更麻烦了，很容易出现各种过敏性皮炎和皮疹。

· **百科档案** · · · · · · · · · · · · · · · · · · ·

沙尘迷眼怎么做？

沙尘迷眼后有人习惯性地用力揉眼，想使异物立刻出来，但这种方法是不对的。揉搓眼睛，不仅异物出不来，还可能会引起眼内感染，甚至造成角膜损伤。

正确的处理方法是：

①闭上眼睛休息片刻，等到眼泪大量分泌、不断夺眶而出时，再慢慢睁开眼睛眨几下。大多数情况下，大量的眼泪会把眼内异物冲洗出来。

②把上眼皮轻轻向上提起拉几下，使用眼泪冲洗，眼球转动，再睁开眼，往往能把异物排出眼外。

③让爸爸妈妈帮你用清水冲洗眼睛。

④如果上述方法都无效，应立即到医院请眼科医生帮忙。

······ 探 究 活 动 ······

应战呼吸道疾病

沙尘对人体最直接的伤害是呼吸道受损。常见的疾病为感冒、支气管炎、肺炎、鼻炎、咽喉炎。请查找资料或询问专业人士，将下面的资料填写完整吧。

名称	感冒
症状	咳嗽、流涕、打喷嚏、鼻塞等。
治疗方法	
注意事项	

名称	支气管炎
症状	典型症状为咳嗽、咳痰、喘息等；伴随症状为发热、寒战、头痛等。
治疗方法	
注意事项	

名称	肺炎
症状	主要症状是咳嗽、咳痰、发热、胸痛、呼吸困难等，少数有恶心、呕吐、腹胀或腹泻等胃肠道症状。
治疗方法	
注意事项	

名称	鼻炎
症状	鼻痒、阵发性喷嚏、流清水样鼻涕、鼻塞等。
治疗方法	
注意事项	

名称	咽喉炎
症状	咽喉疼痛、发热、咽部干痒等。
治疗方法	
注意事项	

第三节 如何应对沙尘天气

基本知识

沙尘天气该如何做好自身防护？

①平时可口含润喉片，保持咽喉凉爽舒适；

②滴几次润眼液，以免眼睛干燥；

③有鼻出血的情况可以经常在鼻孔周围抹上几滴甘油，以保持鼻腔的湿润；

④多喝水，多吃水果；

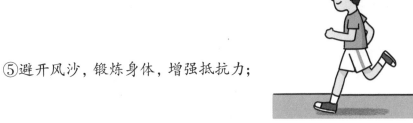

⑤避开风沙，锻炼身体，增强抵抗力；

⑥关好门窗，室内使用加湿器，以及洒水、用湿墩布拖地等方法，以保持空气湿度适宜。

沙尘天气需要外出该怎么做？

①戴好口罩，用纱巾蒙住头，保证有良好的视线，注意交通安全；

②注意尽量少骑自行车，刮风时不要在广告牌、临时搭建物和老树下逗留；

③开车自驾时候，要注意慢行，如果遇到狂风，应把车停在低洼处，等到狂风过后再行驶；

④从室外进家后，用清水漱漱口，清理一下鼻腔，及时更换衣服，保持身体洁净舒适。

百科档案

可恶的大气悬浮颗粒物

沙尘对肺部的影响主要因素是大气悬浮颗粒物污染，这是大气中存在的固体颗粒和液滴的组合物，颗粒物中最危险的当属PM2.5和PM10。

PM2.5是直径≤2.5微米的微小颗粒，常见于雾霾中；

PM10是直径≤10微米的小颗粒，在灰尘和烟雾中更常见。

通常，一般较大的沙尘颗粒在呼吸时候会被鼻腔过滤，不会进入肺部。但是像PM2.5和PM10是可以通过支气管吸入肺部的，从而引发哮喘，激化呼吸道疾病，如支气管炎、肺炎和肺气肿等。

························· 探究活动 ·························

正确地准备口罩

口罩按照功能分类主要有以下几种：

普通口罩：如棉布口罩、活性炭口罩、纱布口罩等，可以用来防冻、防尘、部分防雾霾，但不能用来防止细菌、病毒传播；

普通医用口罩：防护性要比医用外科口罩低一些，可以在非密集人群中使用；

医用外科口罩：防护效果比普通口罩好很多，之前医院用得比较多，常用于呼吸科及外科手术，可以用来防病菌和细菌传播；

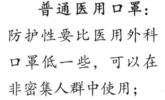

N95口罩：N95国内的标准是KN95，N95口罩防雾霾比较靠谱。同时可以用于防护细菌及病毒传播，是目前能够买到的防护级别最高的日常口罩。

【知识小卡片】

KN95 口罩和 N95 口罩有相同的防护力，在级别和技术要求及测试方法上是一致的，只是前者是中国标准，而后者是美国标准。

KN95 口罩　　　　　N95 口罩

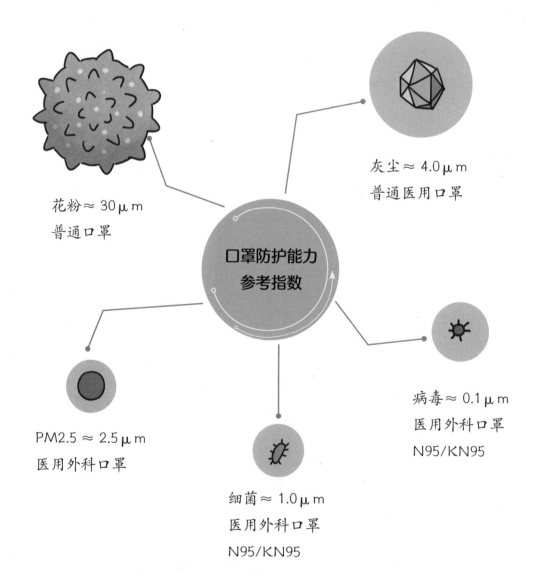

花粉 ≈ 30μm
普通口罩

灰尘 ≈ 4.0μm
普通医用口罩

口罩防护能力
参考指数

PM2.5 ≈ 2.5μm
医用外科口罩

细菌 ≈ 1.0μm
医用外科口罩
N95/KN95

病毒 ≈ 0.1μm
医用外科口罩
N95/KN95

第四节 如何改善室内空气质量

········· **基本知识** ·········

据专业测试，一个人每天至少要呼吸 15000L 的空气，而当空气质量差且长时间处于室内时，会出现头痛、喉咙疼痛、胸口闷痛、咳嗽、气喘、皮肤发痒等症状。沙尘天气中，空气中的颗粒物浓度会大幅度增加，对人们的健康造成很大的影响。室外做好防护的同时，保持家里的空气质量也很重要。

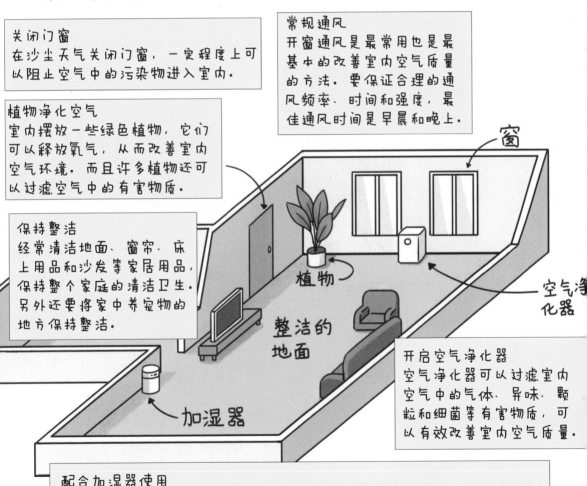

关闭门窗
在沙尘天气关闭门窗，一定程度上可以阻止空气中的污染物进入室内。

植物净化空气
室内摆放一些绿色植物，它们可以释放氧气，从而改善室内空气环境。而且许多植物还可以过滤空气中的有害物质。

保持整洁
经常清洁地面、窗帘、床上用品和沙发等家居用品，保持整个家庭的清洁卫生。另外还要将家中养宠物的地方保持整洁。

常规通风
开窗通风是最常用也是最基本的改善室内空气质量的方法。要保证合理的通风频率、时间和强度，最佳通风时间是早晨和晚上。

窗

植物

空气净化器

整洁的地面

加湿器

开启空气净化器
空气净化器可以过滤室内空气中的气体、异味、颗粒和细菌等有害物质，可以有效改善室内空气质量。

配合加湿器使用
在干燥的季节，室内环境湿度过低会导致室内空气质量变差。保持室内空气湿度适宜，可以帮助减少尘土的再悬浮，从而减少沙尘对室内空气质量的影响。此外，适当的湿度也有助于保护皮肤和呼吸道健康。

1/4 茶匙尘埃能携带几百万微生物

客观地说，沙尘暴虽作恶多端，但它终究还只是帮凶，元凶还是人类自己制造的有毒物质。在空气的尘埃中现在已经培养出了100多种细菌、病菌和真菌。大约有1/3的细菌是能感染动植物和人类的病原菌。其中有能感染耳朵和皮肤的假单胞菌，有能导致甘蔗腐烂、土豆干腐和香蕉叶生斑的微生物，还有一种对海洋中珊瑚有致命威胁的真菌。

1/4茶匙的尘埃中携带着几百万甚至几亿个微生物，就连成群蚱蜢都能在随尘云穿越大西洋的过程中存活下来。

·········· **探 究 活 动** ··········

如何养一盆龟背竹?

龟背竹是很常见的室内观叶植物,它的叶子特别大,形态很奇特的,叶面上有很多裂纹,就像龟背一般。龟背竹还有较强的净化空气的能力,叶子能吸附空气中的灰尘颗粒,是沙尘天气放在家中的首选。

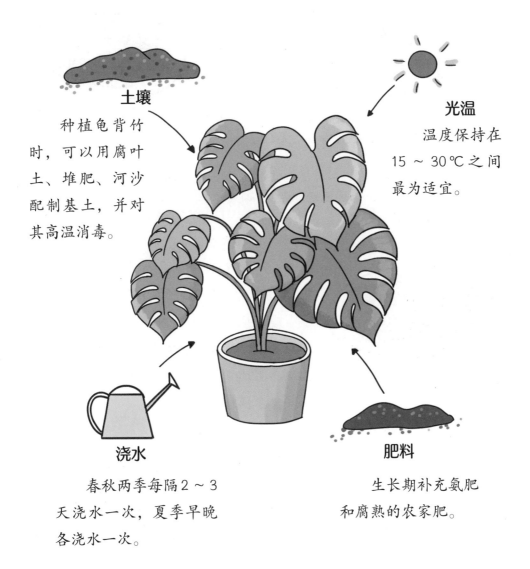

土壤

种植龟背竹时,可以用腐叶土、堆肥、河沙配制基土,并对其高温消毒。

光温

温度保持在15 ~ 30℃之间最为适宜。

浇水

春秋两季每隔2 ~ 3天浇水一次,夏季早晚各浇水一次。

肥料

生长期补充氨肥和腐熟的农家肥。

第五节　调整饮食结构也能防沙尘

·········· 基本知识 ··········

沙尘天气出门不仅要注意防风防沙，保护好皮肤，回到家之后，还要多吃去火清肺的食品，排除体内呼吸进去的垃圾，既养身又解馋。

猪肝

猪肝的营养含量是猪肉的 10 多倍，能保护眼睛，维持正常视力，防止眼睛干涩、疲劳。但因为动物肝中有毒物质含量较高，因此买回来的猪肝要在水龙头下冲洗 10 分钟，然后放在水中浸泡 30 分钟。

清肺菜肴：西兰花炒猪肝

小提示：猪肝不宜食用过多。一个人每天从食物中摄取的胆固醇不应超过 300 毫克，而每 100 克新鲜猪肝中所含的胆固醇竟高达 400 毫克以上，所以，高血压和冠心病患者应少食。

黑木耳

黑木耳中的胶质有润肺和清涤胃肠的作用，可将残留在消化道中的杂质、废物吸附排出体外，对体内垃圾有很好的清除作用。另外，黑木耳具有益智健脑、养胃通便、清肺益气、镇静止痛等功效。

清肺菜肴：木耳炒鸡蛋

莲藕

莲藕的口感鲜爽脆甘甜，含有丰富的维生素、矿物质，以及钙、磷、铁等微量元素，适当的吃莲藕有很好的润肺养肺、止咳化痰的作用，此外，它里面的维生素含量也非常高。

清肺菜肴：凉拌莲藕

银耳

银耳具有润肠、益胃、补气等功效，用于治肺热咳嗽、肺燥干咳、胃炎、大便秘结等病症。它能提高肝脏解毒能力，保护肝脏功能。

清肺菜肴：润肺银耳羹

小提示：购买银耳时，一定要留意银耳的色泽，以白色或者微微发黄为佳。如果银耳颜色过白，可能是化学试剂熏制的结果，最好不要买。

马蹄

马蹄俗称荸荠，不仅味道鲜美，营养也极为丰富，北方人称它为"江南人参"，南方人则赋予它"地下雪梨"的美誉。它皮薄肉嫩，清甜多汁，含有钙、磷、铁、胡萝卜素、维生素C等营养元素。它含有的黏液可以起到生津、润肺作用。荸荠生性寒凉，生吃可能会吃到寄生虫，所以建议煮熟了吃哦！

清肺菜肴：马蹄肉丸汤

百科档案

蹲一蹲养肺法

保养肺的方法有不少，可以多吃一些清肺、润肺的食物，还可以依靠运动来调理，也称为呼吸锻炼法。如每天蹲一蹲，就是一种简单有效的养肺方法。具体方法是，将两腿分开与肩同宽，脚尖朝外，两脚呈外八字状；下蹲时躯干要保持笔直状态，臀部向身后撅起。下蹲的速度大致是5秒钟1次。下蹲时吸气，站起时呼气，每日做20~30次为宜。

······· 探 究 活 动 ·······

一起来做百合银耳润肺汤

准备材料：

百合（30g）　　　银耳（30g）　　　冰糖（适量）　　　水（适量）

操作步骤：

①百合洗净后浸泡半小时，去芯；　　　　②银耳泡软切碎备用；

③锅中加入适量水，放入百合和银耳，用大火烧开后转小火煲60分钟；　　　　④加入适量冰糖，再煲10分钟即可。

第六章

雪灾

第一节　对抗暴风雪

·················· **基 本 知 识** ··················

暴风雪是冬季特有的自然灾害，不仅会给我们的生活带来不便，还会威胁生命安全。

·在室内

①把手电筒、灯笼、蜡烛、打火机和防水火柴放在容易找到的地方。

②储备足够的食物。

③尽量不出门。

④正确使用取暖设备，保证室内温暖。
⑤用电暖气、电热毯等电器取暖时注意用电安全，避免引起火灾。
⑥用煤炭取暖时应适当通风，避免一氧化碳中毒。
⑦除通风外，门窗应关闭严密，以防冷空气入侵。

⑧保证有一套急救用具和所需药品。准备额外的毯子、睡袋和足够厚的衣服，以备在不得不去避难所的时候用。

·室外出行

如必须出门，除身体需保暖外，头部、脚部保暖也很重要，从头到脚武装自己，最好穿上防滑靴。

·被困室外

①立即寻找庇护所，如果没有，在厚实的雪堆中挖个雪洞也可以防风保暖。

②条件允许时点燃火堆保持温暖。

③适当活动保持体温，不要用力过度，寒冷和过度用力容易导致心脏病发作，而出汗也可能导致发冷和体温过低。

④捂住嘴，尽量避免深呼吸。

⑤不要吃雪来补充水分。

⑥尽量将潮湿的衣服弄干，湿衣服失去了大部分的保暖价值，并会迅速将热量从身体上散发出去。

······················· 百科档案 ·······················

雪的重量

即使是"轻于鸿毛"的雪花，不断聚集后也能产生能足以压垮建筑物的巨大重量——尽管一万片雪花重量只有1克，但降雪是持续性的天气过程，再小的量聚集以后也能成为很大的数字。1立方米的新雪，是由高达60亿~80亿片雪花组成的，其具体的重量已经很难用克计算了。

······················· 探究活动 ·······················

有生命力的雪

准备材料

量杯

温水

吸水树脂

操作步骤

①在量杯中加入两勺吸水树脂。

②往量杯中加入少量温水。

③雪形成了。看，好多的雪呀！堆个雪球吧。

第二节 可怕的风吹雪

基本知识

风吹雪又称风雪流，也叫白毛风，是气流挟带着分散雪粒进行的多相流，简单来说，就是雪粒随风运动的一种天气现象。

依据雪粒的吹扬高度、吹雪强度和对能见度的影响，风吹雪可分为低吹雪、高吹雪和暴风雪三类。公路风吹雪雪害是对冬季公路的正常运营产生巨大影响，并对人们的生命财产和社会生活造成灾难性后果的事件。

可以提醒家人，如果开车上路时遇到风吹雪，要记住四个要素。

①缓加油：需要加速或减速时，油门应缓缓踏下或松开，以防驱动轮因突然加速或减速而打滑。

④保车距：驾车时要加大行车间距，在冰雪路面行车的间距应为干燥路面的2~3倍。

③慢转弯：遇到弯度较大的弯道时一定要提前减速，特别是弯道会车时，请做到不抢行、不催促、有序慢行。

②轻减速：停车时要提前准备，少用紧急制动，尽量利用发动机的制动作用控制车速。

········· 百科档案 ·········

看懂暴雪预警

暴雪预警信号是国家为了应对暴风雪带来的危害而发布的预警信号，该信号共分四级，分别以蓝色、黄色、橙色、红色表示，代表着不同的降雪量和降雪影响。

暴雪蓝色预警信号

标准：12 小时内降雪量将达 4 毫米以上，或者已达 4 毫米以上且降雪持续，可能对交通或者农牧业有影响。

防御指南：注意防寒防滑，驾驶人员小心驾驶，车辆应当采取防滑措施。

暴雪黄色预警信号

标准：12 小时内降雪量将达 6 毫米以上，或者已达 6 毫米以上且降雪持续，可能对交通或者农牧业有影响。

防御指南：注意防寒防滑，驾驶人员小心驾驶，车辆应当采取防滑措施。

暴雪橙色预警信号

标准：6 小时内降雪量将达 10 毫米以上，或者已达 10 毫米以上且降雪持续，可能已经对交通或者农牧业有较大影响。

防御指南：减少不必要的户外活动。

暴雪红色预警信号

标准：6小时内降雪量将达15毫米以上，或者已达15毫米以上且降雪持续，可能已经对交通或者农牧业有较大影响。

防御指南：必要时停课、停业（除特殊行业外）。

.... 探 究 活 动 ....

盐——融化冰的好帮手

准备材料：

易拉罐1个

冰

盐适量

勺子1把

操作步骤：

①将易拉罐的顶端剪开，注意不要伤到手；

②倒入半杯水，放入冰箱冷冻层冻成冰沙；

③拿出易拉罐，用勺子取适量盐放入冰沙中，搅拌均匀；

④盐降低了冰的熔点，冰加速融化。易拉罐的壁上逐渐出现霜冻。

第三节　遇到雪崩怎么办

基本知识

　　雪崩，也叫"雪塌方""雪流沙"或"推山雪"，是山坡积雪内部的凝聚力小于所受重力时产生下滑，引起大量雪体崩塌的自然现象。

　　雪崩一般从雪山的山坡上部发生：先是完整的雪体出现一条裂缝，接着断裂的雪体开始滑动，受重力影响，越滑越快，呼啸着向山下冲去。

雪崩具有突发性、速度快、破坏力强等特点，可以毁掉大片森林，掩埋房舍、交通线路、通信设施和车辆，甚至能堵截河流，发生临时性的涨水，同时，它还能引起山体滑坡、山崩和泥石流等可怕的自然现象。

遭遇雪崩时要记住一条原则——"时间就是生命"，被埋15分钟内是雪崩救援的黄金时间。

· 当雪崩迎面而来时

④保持游泳姿势防止被雪埋没。

③紧抱大石头或者高大牢固的树木。

①迅速扔掉所有的行李。

②沿着雪崩来的垂直方向逃生。

· 如果被掩埋

①保持冷静，慌乱只会加速消耗能量。

②确保呼吸顺畅，在等待救援时，可以在面前挖一个洞，避免吸入颗粒物。

③吐出少量的唾液，根据流向判断自己的位置，从而进行调整。

④尝试向光亮处挖掘，从洞口伸出手来吸引搜救人员。

····· **百科档案** ·····

失温的卖火柴的小女孩

你读过童话故事"卖火柴的小女孩"吧。小女孩从正常到冻死一共经历了多个时期，兴奋期、兴奋减弱期、抑制期、完全麻痹期，最终她出现了冻死前的幻觉，看到了在天堂的奶奶和一桌热菜。

当进入极度寒冷状态时，大脑会出现混乱，会对身体发出与实际情况相反的信号，也就莫名的产生了热的感觉，从而脱去衣服。而且在死去的时候，身体与意识也是脱离的状态，不会有很痛苦的感觉，反而面带微笑。

····· **探 究 活 动** ·····

水晶草莓

准备材料：

冰冻的草莓　杯子、常温水

操作步骤：

将冰冻的草莓放入常温的水里，观察草莓入水后周围水的变化。

草莓入水后周围水的变化						
时间	10秒	40秒	80秒	120秒	160秒	200秒	240秒
状态						

第四节 可怕的冻伤

冻伤了怎么办？

我们的皮肤是很娇贵的，既怕热，也怕冷，天寒地冻的时候，要注意保暖。遭遇极端天气的时候，手脚、耳朵、鼻子是最容易冻伤的部位。冻伤后，应采取如下措施。

1.迅速脱离寒冷环境，防止继续受冻；衣服、鞋袜等连同肢体冻结者不可勉强脱掉，应用40℃左右的温水，使冰冻融化后脱下或者剪开，立即实行局部或全身的快速复温。

2.抓紧时间尽早快速复温：

①不可用火烤；不可用冰雪搓患处；不可猛力拍打或捶打；不可用冷水浸泡。

②在温暖的环境内，要用40℃左右的温水帮助身体恢复正常体温。

具体方法：

四肢：将冻肢浸泡于40℃左右（水温不宜过高）的温水中，至冻区皮肤转红，尤其是指（趾）甲床潮红，组织变软为止，时间不宜过长。

颜面：可用40℃的温水浸湿毛巾，进行局部热敷。在无温水的条件下，可将冻处立即置于自身或救护者的温暖体部，如腋下、腹部或胸部，以达复温的目的。

3.局部涂敷冻伤膏：复温后局部立即涂敷冻伤外用药膏，可适当涂厚些，指（趾）间均需涂敷，并以无菌敷料包扎，每日换药1～2次，面积小的一、二度冻伤，可不包扎，但应注意保暖。

4.冻伤的部位一般肿胀比较严重，且位于手脚等四肢末梢部位，需要抬高患肢，减轻肿胀。

5.复温后冻伤的皮肤应该小心清洁，保持干燥，预防感染。

冻伤和冻疮的区别

冻疮和冻伤主要都是因气温下降、天气寒冷等因素所导致,其发病机制相似,且临床上常将冻疮归纳为冻伤的一种表现,但二者在发生部位、症状表现、严重程度方面有一定的区别。

①发生部位不同:冻疮发生于肢体末梢或表面暴露部位,而冻伤可能累及皮下组织和骨骼等处。

②症状表现不同:冻疮会使人出现红肿、瘙痒或灼烧感等症状,而冻伤会使人出现局部水肿、感觉异常、肢体坏死、精神障碍等症状。

③严重程度不同:因为冻疮多发生于体表暴露部位,所以程度相对较轻。冻伤可能会对机体内部和中枢神经系统带来影响,其程度相对较重。

········· 探 究 活 动 ·········

有趣的过冷却

准备材料:

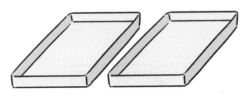  

2个长方形金属盒子　　　　　盐适量　　　　　冰块若干

操作步骤：

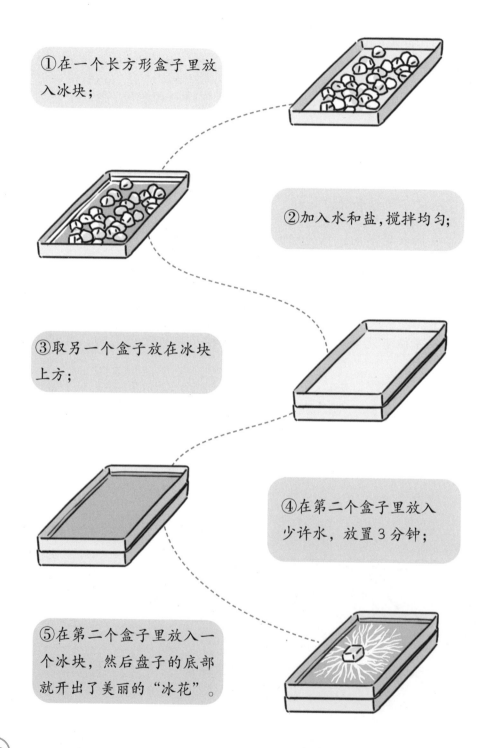

①在一个长方形盒子里放入冰块；

②加入水和盐，搅拌均匀；

③取另一个盒子放在冰块上方；

④在第二个盒子里放入少许水，放置3分钟；

⑤在第二个盒子里放入一个冰块，然后盘子的底部就开出了美丽的"冰花"。